MÉMOIRE

SUR

LA POURRITURE

DES PIEDS

DES BÊTES A LAINE.

MÉMOIRE

SUR

LA POURRITURE

DES PIEDS

DES BÊTES A LAINE;

LU A LA SOCIÉTÉ D'AGRICULTURE

DU DÉPARTEMENT DE SEINE ET OISE.

DANS SA SÉANCE DU 5 JANVIER 1810,

Par **M.** DE LA MOTTE, *Receveur des Domaines et Propriétaire - cultivateur à Rambouillet.*

~~~~~~~~~

La pourriture des pieds est une maladie des bêtes à laine, qui ne paraît pas avoir été connue anciennement en France. Depuis quelques années elle devient plus commune et se propage facilement. L'ayant eue dans mon troupeau, en 1809, j'ai pensé que les faibles connaissances que j'avais acquises sur cette maladie pourraient être de quelque utilité : c'est l'objet de ce Mémoire.

J'avais l'intention d'augmenter le troupeau de bêtes à laine mérinos et métisses, que j'avais formé depuis quelque temps au Pâtis, commune de Rambouillet. Au mois de novembre 1808, le sieur *Cabour,*
~~~~~~~~~

marchand de moutons à Orléans, amena, en Beauce, un troupeau composé de trois cent soixante bêtes à laine venant d'Espagne ; j'achetai cinquante brebis mères qui furent choisies sur la totalité.

Au lieu de les envoyer de suite à ma ferme, je les fis rester chez moi, dans un local très-vaste, et je fis venir mon maître berger, qui laissa mon troupeau à la garde de son fils, pour ne soigner que ces cinquante bêtes; il les menait paître doucement, tantôt dans un clos en luzerne, tenant à ma maison, tantôt sur des pâtures peu éloignées. En même-temps il s'occupait de guérir de la gale une douzaine de ces brebis qui s'en trouvaient attaquées, comme il arrive presque toujours aux moutons qui viennent d'Espagne; la maladie n'était pas invétérée et céda facilement à l'emploi de l'essence de térébenthine.

Je m'étais bien aperçu en choisissant, avec l'aide d'hommes instruits, mes cinquante bêtes dans le troupeau du sieur *Cabour*, que trois ou quatre boitaient un peu; mais elles n'avaient point de mal apparent ; on supposa que c'était l'effet naturel des fatigues d'un long voyage, qui cesserait par le repos ; comme elles étaient très-fines, cela ne m'empêcha pas de les prendre; effectivement, après quelques jours elles parurent boiter moins et on y fit peu d'attention.

Au bout d'un mois, la gale étant bien guérie, et toutes les bêtes ayant, suivant l'expression vulgaire, *repris de l'état* par le repos et une nourriture saine et abondante, je réunis ce petit troupeau au grand ; c'était quelques jours avant Noël.

Cet hiver fut long et pluvieux ; presque toutes les pièces de terre voisines de ma ferme se trouvaient en labour, le sol en est glaiseux et l'eau séjourne souvent ; pour aller au pâturage, il fallait passer par des chemins qui étaient aussi couverts d'eau et de boue, de façon que mon troupeau souffrait beaucoup de cette humidité.

Dès le mois de janvier le nombre de bêtes boiteuses augmenta, j'y fis alors plus d'attention ; je trouvai leurs pieds chauds, un suintement et quelquefois une glande blanchâtre entre les deux parties du sabot ; elles avaient moins d'ardeur à manger et à aller aux champs ; enfin je reconnus que le fourchet s'y multipliait, malgré que le berger eût soin de nétoyer les pieds des boiteuses tous les soirs en rentrant. Je commençai à employer l'eau de Goulard pour bassiner leurs pieds, plusieurs guérirent ; mais d'autres continuèrent à souffrir, et d'anciennes bêtes de mon troupeau prirent la maladie ; j'essayai la poudre d'alun calciné qui en guérit quelques-unes ; malgré cela une douzaine de mes espagnoles boitaient toujours, il sortait de la fourchette un pus gris, extrêmement fétide, et le mal devint plus grave, puisqu'il y en avait qui avaient la fièvre, ne pouvaient plus marcher et mangeaient à genoux.

Nous étions au mois de mars, je mis à part les brebis malades qui n'allèrent plus aux champs ;

je fus obligé de laisser leurs agneaux avec elles : plusieurs gagnèrent la maladie, et l'un d'eux (le plus beau de tous) eut les deux pieds de devant entièrement pourris et marcha sur les genoux pendant trois ou quatre mois.

Je commençai alors à opérer les plus malades, en coupant la sole jusqu'au vif, aux endroits nécessaires, tant pour donner l'écoulement au pus (qui n'était jamais en grande quantité), que pour enlever les parties ulcérées de cette chair molle contenue dans les sabots, appelée vulgairement *petit pied* ; ensuite je mouillai la plaie avec de l'eau de Goulard, comme ci-devant.

Soit que j'eusse attendu trop tard pour séparer les bêtes saines d'avec les malades, soit que l'humidité du printemps qui rendit les terres très-molles, entretînt la maladie, plusieurs animaux qui l'avaient eue la reprirent, et d'autres qui n'avaient point encore boité, la gagnèrent aussi.

Ce fut alors que mon troupeau présenta l'aspect le plus pitoyable ; je fus obligé de prendre une grange pour me servir d'infirmerie ; j'y réunis toutes les bêtes malades qui se trouvèrent au nombre de plus de cinquante.

Je continuai le même traitement ; quelques-unes guérirent, mais elles étaient presqu'aussitôt remplacées par d'autres qui se mettaient à boiter. Quoique la bergerie fût aérée, la litière renouvelée tous les jours, et le fumier enlevé souvent, la puanteur qu'exhalaient tant de pieds malades, devint si forte, que je fis plusieurs fois des fumigations d'acide muriatique oxygéné.

Quand on curait l'infirmerie, on mettait le fumier dans un coin de la cour; à cette époque, le chien de la ferme, ceux du berger et plusieurs volailles ont eu des maux sous les pieds que l'on a attribués au contact de ce fumier, dans lequel se trouvaient les rognures de la sole et des ulcères, et le pus qui en avait coulé. Ce fait prouve encore combien ce mal est contagieux.

L'infection continuant, et la maladie, sans faire de progrès, étant toujours au même point, à la fin d'avril, je pris le parti d'enclore un pré tenant aux bâtimens, le long desquels j'établis un râtelier. On y lâchait les malades le matin après la rosée, et on les faisait rentrer le soir. Outre leur nourriture ordinaire de luzerne sèche, je leur donnais presque tous les jours de l'herbe verte, fauchée dans les prés et sur les gazons des jardins.

J'avais l'excellent ouvrage de M. *Lullin*, de Genève, intitulé Observations sur les Bêtes a laine; mais c'était la première édition dans laquelle il n'avait point parlé de la pourriture des pieds; j'appris que dans la seconde il traitait de cette maladie, je l'achetai et je trouvai dans l'extrait qu'il y donne de la Bibliothèque britannique de M. *Pictet*, la description exacte de la pourriture des pieds, et le traitement indiqué; il diffère peu de celui que j'avais tenté sans beaucoup de succès; j'essayai aussi de la poudre de vitriol de cuivre qu'il conseille, l'amélioration fut peu sensible ; je me désolais de voir mes malheureuses bêtes toujours souffrantes, et je ne conservais l'espoir de les guérir que parce qu'il n'en mourait aucune.

Les conseils de M. *Bourgeois*, économe de l'établissement rural impérial (l'oracle des cultivateurs de nos environs), et les soins du père *Delorme*, son premier berger, me furent très-utiles.

Le sieur *Bailly*, mon berger, ancien vétérinaire, qui est assez instruit, ne négligeait rien, et cependant nous ne pouvions chasser cette maladie désastreuse.

Je consultai M. *Besnard*, docteur en médecine à Rambouillet, qui ne dédaigne pas de s'occuper par fois de l'art vétérinaire (1) ; il m'engagea à employer, avec beaucoup de précaution ce même acide sulfurique qui me servait dans les fumigations à dégager l'acide muriatique du sel commun.

Après avoir bien nétoyé la plaie, nous trempions dans ce caustique un petit bâton de verre aminci d'un bout, et nous l'essuyions légèrement sur le mal ; dès le lendemain la plaie séchait, se creusait un peu et paraissait comme si on y eût appliqué la pierre infernale ; on fut ensuite plusieurs jours sans y en remettre, et les bêtes les moins malades

____

(1) Il a fait avec nous, en 1809, une trentaine d'opérations du *tournis*, par le moyen du trois-quarts ; nous les continuons, mais toujours sans succès.

furent guéries après qu'on en eut mis une ou deux fois; dès qu'elles ne boitaient plus on les remettait dans le troupeau et elles allaient au pâturage. Celles qui avaient été le plus long-temps malades furent les plus difficiles à guérir, la suppuration recommençait quelques jours après le pansement avec l'acide ; cependant aucune ne perdit sa laine ni les sabots en entier. A force de le répéter, nous parvînmes à les guérir successivement , de manière qu'au mois d'août toutes allaient aux champs, hors deux qui ont continué à boiter tout l'automne , dont l'une avait souffert très-long-temps d'un pied de devant , et l'autre avait eu ceux de derrière si endommagés qu'elle ne se portait pas du tout dessus pendant plusieurs mois ; elles ont fini par guérir aussi , et je suis enfin débarrassé de ce fléau , qui, si ce n'est que je n'ai perdu aucune bête , m'a fait tout le mal qu'on peut imaginer.

Plusieurs fermiers de la Beauce , entr'autres M. *Labiche*, de Macherie, et M. *Bourgeois*, d'Orsonville, qui ont acheté après moi des mêmes bêtes, ont eu aussi la pourriture des pieds dans leur troupeau , où elle existe même encore en partie; mais il paraît que le sieur *Cabour*, notre vendeur, est celui qui l'a le plus fort dans ses troupeaux, où elle a été communiquée par les bêtes qui lui étaient restées de cette importation.

Voilà, Messieurs, le récit simple et détaillé de ce qui est arrivé à mon troupeau l'année dernière;

je vais maintenant vous communiquer mes observations dans le cours de cette longue maladie, et indiquer le traitement qui me semble le plus convenable, d'après ce qui m'a réussi, et l'expérience que j'ai tirée des fautes mêmes que j'ai faites.

D'abord, je regarde comme très-dangereux d'acheter à des marchands des bêtes venant de loin, parce qu'ils les mènent trop vite, pour économiser les frais de route, ou pour se trouver à des foires où elles courent d'ailleurs le risque de gagner le claveau.

Il est infiniment préférable d'acheter des bêtes acclimatées à des cultivateurs des environs, et si on manque de ce moyen, il faut alors, par soi-même, ou en se réunissant plusieurs pour faire cette spéculation, envoyer chercher ses bêtes dans le pays et les faire amener doucement avec les soins et la nourriture nécessaires pour leur santé.

Les bêtes étant arrivées à leur destination, on les garde à part, pendant quelques semaines; si elles sont galeuses on en profite pour les guérir : cela n'est ni long, ni difficile, avec de l'huile de Cade, ou plutôt de l'essence de térébenthine, qui, étant plus forte, s'emploie en très-petite quantité, et ne gâte point la laine.

Mais si elles ont le fourchet, il faut ne pas perdre de temps et s'en occuper de suite avec toute l'attention possible.

J'adopterai la division que MM. *Pictet* et *Lullin* ont faite de cette maladie, en trois classes ou

périodes; presque toutes mes bêtes ont parcouru successivement les deux premières.

PREMIER DEGRÉ.

Fourchet.

Le Fourchet, proprement dit, se présente sous
deux aspects différens, qui paraissent avoir chacun
leur cause. Quand vous voyez un animal boiter,
prenez-le, mettez-le debout sur le cul, le dos
appuyé contre vos cuisses et la tête soutenue par
elles, visitez les pieds l'un après l'autre; celui qui
est malade a plus de chaleur; il y a ordinairement
entre les doigts un *suintement* qui sent mauvais,
et quelquefois au fond du sinus une petite *glande*
ou *tumeur blanche* renfermant du pus, cela vient,
soit de ce que la boue séchée, ou une petite pierre,
a établi un point d'irritation entre les doigts, soit
de ce que les pieds sont fatigués par une route
longue ou faite trop vite.

En général on a remarqué que cette maladie
était plus commune pendant l'humidité que par les
beaux temps, et dans les terres grasses que dans
les sables; mais j'ignore pourquoi des agneaux qui
n'ont pas encore sorti de la bergerie ont quelquefois le fourchet, même avant leurs mères; je
ne peux l'attribuer à la chaleur du fumier, parce
que j'en ai vu des exemples dans des bergeries
nouvellement curées où la litière était très-abon-
dante.

Après avoir lavé le pied avec de l'eau vinaigrée ou de l'eau de *Goulard* (1), (en se servant d'un petit bâton, au bout duquel on entortille du vieux linge qu'on trempe dans l'eau et qu'on essuie sur le mal,) je conseille d'y mettre une pincée d'alun calciné et de laisser la bête à la bergerie un jour ou deux, à moins qu'on ne puisse la mettre dans une pâture tout près des bâtimens, ce qui vaudra encore mieux si le temps le permet; quand l'alun ne suffit pas, on emploie la poudre de vitriol bleu ou sulfate de cuivre.

Si l'animal continue à boiter, on recommence jusqu'à ce qu'il soit guéri.

DEUXIÈME DEGRÉ.

Pourriture des Pieds.

Lorsque le mal ne cède point aux topiques ci-dessus, qu'au contraire il augmente et que les bêtes ont peine à se tenir sur les pieds, ont la fièvre et mangent peu, il y a lieu de croire que l'abcès ou panaris se forme, et quand il n'est pas

---

(1) L'eau de *Goulard* est l'eau végéto-minérale, rendue plus active par l'addition de l'eau-de-vie; en voici la composition :

Eau distillée; ou la meilleure que l'on pourra se procurer.. 2 *liv.*

Extrait de saturne liquide............................ $\frac{1}{2}$ *onc.*

Eau-de-vie.. 2 *onc.*

visible, il faut en chercher l'endroit en appuyant successivement le pouce tout autour du sabot, et lorsque l'animal éprouve plus de douleur à cette pression, c'est là qu'il faut inciser pour faire jour à la matière purulente. L'instrument qui m'a semblé le plus commode est une serpette bien aiguisée; un canif ou un bistouri serait trop faible, car la corne est fort dure à couper; vous enlevez la portion de la sole qui cache le mal, et même les parties intérieures ulcérées jusqu'au vif, sans trop faire saigner; vous lavez la plaie avec de l'eau de *Goulard*, et vous mettez dessus de la poudre de vitriol bleu. Enfin si ce caustique ne suffit pas, on peut employer l'acide sulfurique qui m'a réussi, en observant de le verser dans un vase de verre, de se servir, pour l'appliquer, d'un petit bâton ou mieux de tubes ou morceaux de verre, qu'on trempe dedans et qu'on égoutte et essuie sur le mal, il faut en mettre peu, attendre quelques jours avant de recommencer, et prendre garde d'en répandre sur les parties de l'animal dépourvues de laine, ainsi que sur le corps ou les vêtemens de celui qui opère ou des personnes qui l'aident.

Je conseille encore diverses précautions qui me semblent très-essentielles; comme de séparer de suite les bêtes malades du troupeau, aérer beaucoup l'infirmerie, y renouveler tous les jours la litière, en ôter le fumier toutes les semaines, et le déposer dans des endroits où aucunes bêtes ne passent. Si le local s'infecte, pratiquer des fumigations d'acide

muriatique oxygéné (1); ne point envoyer les malades loin aux champs ; prendre garde que les chiens
ne les tourmentent; les mettre de préférence dans
un enclos voisin des bâtiments, ne les laisser dans
l'infirmerie que la nuit, à moins que la saison ne
permette pas absolument de les sortir; quand les
bêtes paraissent guéries, il serait bon de les séparer
des malades, et de les garder quelques jours à part,
comme à l'essai, pour s'assurer si elles ne reboitent
pas; enfin, leur laver les pieds avec du vinaigre,
avant de les réunir au troupeau, ce qui doit toujours
se faire aux champs, plutôt qu'à la bergerie.

M. *Pictet* a mis des espèces de bottines à ses malades; ce moyen me semble difficile à employer,

---

(1) Pour désinfecter une bergerie, ouvrez les portes et les
fenêtres; enlevez les fumiers ; balayez le plancher, les murs
et l'aire ; ensuite bouchez soigneusement toutes les ouvertures,
hors la porte; placez au milieu de la pièce un réchaud ou un
plat de terre rempli de feu; posez dessus un autre plat ou ter-
rine où vous aurez étalé une demi-livre de sel commun avec
un quarteron de manganèse; versez dessus six onces d'huile
de vitriol, en remuant ce mélange un moment, avec un
morceau de verre, ou simplement un bâton; quand la fumée
vous gagne, sortez bien vite, en refermant la porte.

Cela ne produit point de flâme, mais seulement une épaisse
fumée qu'il ne faut pas laisser échapper.

Deux heures après, retirez le plat de terre avec précaution,
pour ne pas courir le risque d'être brûlé par quelque reste
d'acide; ouvrez partout; faites une litière abondante, et laissez
rentrer les bêtes ; attendez une heure de plus, si vous pouvez,
de crainte qu'elles ne toussent.

quand on en a beaucoup; d'ailleurs, il embarrasse l'animal, et prive la partie malade de l'air nécessaire pour que la plaie se cicatrise, et que le sabot et la sole se reforment et se durcissent.

TROISIÈME DEGRÉ.

Carie des Os.

A l'égard de ce dernier degré de la pourriture des pieds, je n'ai point été, dieu merci, à même de l'observer; il ne vient, sans doute, que lorsqu'on a négligé les moyens curatifs ci-dessus; mais je crois que, quand on a des animaux aussi malades dans son troupeau, il est préférable de les tuer, car ils ne sont jamais assez précieux pour subir l'amputation et l'application du feu, traitement long, douloureux, j'oserai même dire cruel, que M. *Chabert* indique dans un Mémoire qu'il a publié à ce sujet en 1786.

Il ne me reste plus, Messieurs, qu'à vous faire mes excuses de vous avoir si longuement parlé de cette affreuse maladie; vous me le pardonnerez sûrement, en considérant qu'elle devient plus commune et qu'elle est encore peu connue. Si quelqu'un avait besoin de renseignemens à ce sujet, je m'empresserais de les donner; et si l'expérience que j'ai malheureusement acquise, pouvait me rendre utile à quelque propriétaire d'animaux infectés de ce mal, je serais moins fâché de l'avoir eu dans mon troupeau.

———

La Société d'agriculture de Seine et Oise, après

avoir entendu la lecture du présent Mémoire, dans sa séance du 5 janvier; et le Rapport de sa commission intermédiaire, dans celle du 2 février; arrête qu'il sera imprimé à ses frais, et distribué à ses Membres, Associés et Correspondans, et aux Sociétés savantes affiliées.

Pour copie conforme :

CARON, *Secrétaire perpétuel.*

A Versailles, de l'Imp. de la Préfecture, de la Mairie, de la Société d'Agriculture, etc. , chez JACOB, avenue de S.-Cloud, n.° 49.